跟我们一起，

开始奇妙的科学探索之旅吧！

奇妙的宇宙大冒险

# 月亮的秘密

李 硕◎著

有声伴读

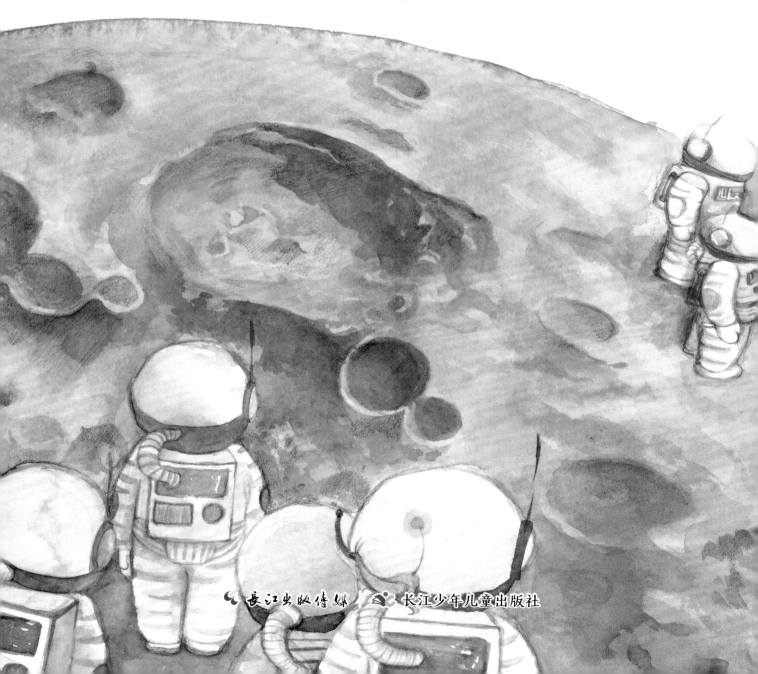

长江出版传媒 长江少年儿童出版社

**图书在版编目 (CIP) 数据**

月亮的秘密 / 李硕著 . — 武汉 : 长江少年儿童出版社 , 2023.1
（奇妙的宇宙大冒险）
ISBN 978-7-5721-3453-1

Ⅰ . ①月… Ⅱ . ①李… Ⅲ . ①月球—儿童读物 Ⅳ . ① P184-49

中国版本图书馆 CIP 数据核字（2022）第 169748 号

# 月亮的秘密
YUELIANG DE MIMI

| | | | |
|---|---|---|---|
| 策 划：太阳雨工作室 | 出版发行：长江少年儿童出版社（湖北省武汉市洪山区 |
| 责任编辑：李 郁 | 雄楚大街 268 号 邮编 430070） |
| 整体制作：太阳雨工作室 | 印 刷 厂：唐山楠萍印务有限公司 |
| 责任校对：邓晓素 | 规 格：889mm×1194mm 1/16 |
| 督 印：邱 刚 | 印 张：4 |
| | 版 次：2023 年 1 月第 1 版 2023 年 1 月第 1 次印刷 |
| | 印 数：1—10000 |
| | 书 号：ISBN 978-7-5721-3453-1 |
| | 定 价：76.80 元 |

# 前　言

　　小朋友们，你们好！

　　我是糖糖，你们知道小腊肠吗？它是我的好朋友——一条神奇的机器狗。你们可能不知道它有多么神奇，它能带我们去任何想去的地方，让我们了解想要知道的任何事。怎么说呢？就是它总会给我们带来惊喜。

　　前不久，它就带着我、乐乐，还有鼠标，进行了一次奇特的旅行。我们先是变成梨子，后来又到了太空，我们知道了：诞生—成长—衰老—死亡，是世界上万事万物都遵循着的客观规律，我们赖以生存的地球也无法逃脱这一规律。旅行让我们更进一步认识和了解宇宙，知道了为什么要保护环境。

　　接下来，我们又会去哪里呢？跟着我们一起开启这次奇妙之旅吧！

糖糖

# 目录

和我们一起探索月亮的秘密吧！

# ① 快看，月亮！

　　就像以往无数个星期六的下午一样，我和乐乐，还有鼠标，在小区的院子里面玩。当然了，还有可爱的小腊肠。

　　"你们快看！"

　　突然，鼠标指着天空大声地叫嚷起来。

　　我顺着鼠标手指的方向看了过去。天哪！太阳都还没下山，我竟然看到一轮月亮挂在天空。

　　月亮怎么会在白天出现呢？就在我感到疑惑不解的时候，乐

乐撇了撇嘴，满不在乎地说："不就是月亮吗？这有什么大惊小怪的，我还以为你看到飞碟了呢！"

"你……"鼠标脸涨得通红，"那你说说，月亮为什么会在白天出现？"

"你想知道吗？但是，我偏不告诉你！"乐乐像在故意逗鼠标，说完，便笑着跑向正在追着球玩的小腊肠。

鼠标微微一愣，看着我，尴尬地笑了笑，问："糖糖，乐乐肯定不知道是怎么回事，你知道吗？"

白天为什么能看到月亮，而且月亮还那么圆？

▶ 在白天，我们是很难看到月亮的，但是，你是不是也曾经在白天看到过月亮出现在天空呢？这究竟是怎么回事呢？

虽然我并不能完全说清楚原因，但是，我隐隐约约地知道，这肯定跟太阳、月亮还有我们所在的地球之间的角度有关系。

　　为什么这么说呢？

　　这就好像我们平时照镜子一样，镜子本身是不发光的，我们之所以能看到镜子中的物体，是因为镜子反射的光线进入我们眼底，从而形成了影像。

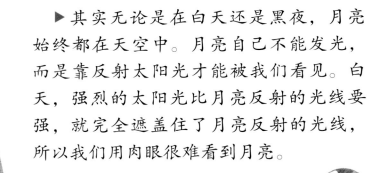

　　▶其实无论是在白天还是黑夜，月亮始终都在天空中。月亮自己不能发光，而是靠反射太阳光才能被我们看见。白天，强烈的太阳光比月亮反射的光线要强，就完全遮盖住了月亮反射的光线，所以我们用肉眼很难看到月亮。

我把我所想到的告诉了鼠标。我们正说着，乐乐追着小腊肠跑了回来，他们的后面跟着杨爷爷。

　　"你们在讨论什么呢？"杨爷爷笑着问我们。

　　我和鼠标还没开口，乐乐指着天空中淡淡的月亮，说："还能有什么，不就是白天出现了月亮呗！"

　　"哦！"杨爷爷抬头看了眼天空中的月亮，"还真奇怪，白天月亮怎么跑出来了，你们谁能告诉我为什么？"

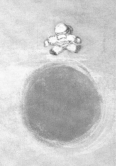

## ② 我们知道的关于**月亮的事**

"月亮其实一直都在天上，没有离开我们哪！"乐乐不屑地回答道。

"那么，你说说为什么我们白天看不到它。"鼠标虽然知道了是怎么回事，但是仍然想要刁难一下乐乐。

我没有说话，只是静静地看着他们，想知道乐乐怎么说。

"这个……这个……"乐乐犹豫了一会儿，才说，"那是因为白天太阳的光线太强了，把月亮的光线遮住了。"

杨爷爷在一旁笑着点了点头，说乐乐说得不错。不过，他想知道，我们还知道哪些有关月亮的事。

哈哈，这怎么能难倒我们呢？于是，我们七嘴八舌地把自己所知道的一股脑儿说了出来。

"月亮是月球的通称，它是地球的卫星，始终围绕着地球转动，月球围绕着地球转一圈的时间大概是一个月。"

"在月球表面有许多的环形山。"

▶ 月球是地球的卫星，它围绕着地球转。

"它比地球小，对物体的引力也小，人在上面轻轻一跳，就能跳得很高很高。"

▶ 月球是离我们地球最近的天体，它与地球的平均距离为384401千米。它也是地球唯一的天然卫星，并且是太阳系中第五大的卫星。它的直径约是地球的1/4，质量大约是地球的1/80，其表面布满了由陨星撞击或火山爆发形成的环形山。

## ❸ 被小腊肠鄙视了

　　我们滔滔不绝地说着自己所知道的有关月亮的事，杨爷爷听得连连点头。可是，在一旁的小腊肠不以为意，还显得有些不耐烦。

　　"汪汪！"就在我们还要继续说下去的时候，它突然打断了我们，"没意思，太没意思了！你们说的这些，地球上的人都知道。你们能说点别人不知道的吗？"

　　确实，我们说的那些，都是大家知道的，虽然我们想要说一点新奇的，但是，我们也不知道哇。

　　听到小腊肠这么说，一时间，我们感到有些尴尬，只能怔怔地看着小腊肠，谁也没有再说什么。

　　"你……你难道比我们知道的多吗？"鼠标有些不乐意，过了好一会儿，才结结巴巴地说，"你要是知道，你说说看！"

　　"汪汪！"小腊肠得意地叫了几声，噌地跳到石阶上，摇头晃脑地问了我们一系列的问题，"在古代，人们把月亮叫什么？为什么有时候月亮看起来是红色的？为什么我们晚上看月亮的时候，好像看到月亮上有一棵树？月亮跟

▶现在，我们把月亮叫作月球，那么，你知道在古代人们把月亮叫作什么吗？

我们的地球有什么关系……"

　　在听到小腊肠一口气问了这么多的问题后，我觉得自己的脑子不够用了。它说的那些，有的我知道，有的我并不怎么清楚。我想，乐乐和鼠标，肯定也跟我一样吧！不然，他们怎么一句话也不说，而是和我一样目瞪口呆地看着小腊肠，都忘记了杨爷爷还站在我们的身边呢？

## ❹ 真的有嫦娥和玉兔吗?

"咳咳……"就当我们感到有些窘迫的时候,杨爷爷轻轻地咳了两声。听到他的咳嗽声后,我突然反应过来,心想:小腊肠问的那些,虽然我们不怎么清楚,但是杨爷爷知道呀!我们为什么不问问杨爷爷呢?

"杨爷爷，杨爷爷！"于是，我连忙跑到杨爷爷的身边，说，"您能告诉我小腊肠刚刚说的那些问题的答案吗？"

乐乐和鼠标也立刻围了过来。

可是，杨爷爷只是看着我们笑，并没有说话。

看到杨爷爷这副模样，我不由得感到有些怀疑，怀疑杨爷爷是不是跟我们一样，不知道小腊肠所说的那些问题的答案。

乐乐和鼠标不解地盯着杨爷爷，直挠头。

小腊肠还在石阶上，像人一样站着，两手抱在胸前，一副得意扬扬的样子，显得很神气。我想，它肯定是因为难住了我们而高兴吧！

我很想知道小腊肠刚才说的那些事的真相，虽然我并不怎么喜欢它这种"小狗得志"的样子，但我还是面带微笑地向它走去，想要它告诉我答案。

就在这个时候，我看到小腊肠的脸上浮现出奇怪的笑容，紧接着，它将尾巴竖了起来，并发出阵阵蓝色的弧光。

那道蓝色弧光瞬间将我们包裹住，我们眼前变得一片漆黑，什么都看不见。我不由得有些害怕，想要大声地尖叫。就当我张开嘴，想要大声呼喊时，我看到了从来没有见过的、圆圆的、巨大圆盘似的月亮。

　　我、乐乐、鼠标、杨爷爷，还有小腊肠竟然飘浮在空中，向月亮飞去。

　　真是太美了！看着眼前的月亮，我好像忘掉了所有的一切。

　　依稀间，我好像看到一棵大树的影子，在大树的旁边似乎有一只兔子。我不由得想起了嫦娥奔月的故事。难道嫦娥奔月的故事是真的吗？但是为什么我们人类已经登上了月球，却没有发现嫦娥呢？

　　我们在地球上看月球的时候，看到月球表面上像是有树或者人的影子，是因为月球的表面凹凸不平，有月海、月陆、环形山等结构。各区域对太阳光的反射程度和方向不同，导致我们看到的月球中有阴影。

　　▶ 在我国关于月亮的神话传说中，最为人们熟知的是嫦娥奔月的故事。嫦娥是射日英雄后羿的妻子，她偷吃西王母赐给后羿的不死药后飞到了月亮上。

　　在月亮上，除了嫦娥和小玉兔之外，还有一个叫作吴刚的神仙，他因为学仙有过被罚到月亮上砍树。

　　我一边胡思乱想，一边跟着杨爷爷他们向月亮飞去。

　　"乐乐，你们说月亮上真的有嫦娥吗？"

"玉兔也有吗？"

"有的话我们就想办法抓住它，把它送给糖糖！"

乐乐和鼠标在一旁叽叽喳喳地说个不停，还不忘记带上我。

很快，我们就来到了月球的表面。当然，在这个时候，我们的身上也不知从什么时候起，穿上了看起来有些笨重的宇航服。

月球并不像我们从地球上看到的那样美丽，更没有神话传说中的嫦娥、小玉兔。我所能看到的，只有厚厚的灰尘。这里没有高楼大厦，也没有鲜花和树木，显得那么的苍凉、冷清。我都觉得有些冷了。

鼠标和乐乐这两个家伙，刚才还说着什么要帮我逮小玉兔，在这个时候已经忘得一干二净了。特别是鼠标，他竟然一蹦一跳

地和小腊肠玩起了跳高的游戏，像在比谁跳得更高更远。

"你们快看，我跳得够高够远吧！"鼠标高兴地冲我们大声地喊叫。

确实，他跳得很高很远，只是轻轻地一蹦，就像踩在弹簧上一样弹了出去。我想，如果上次体育课跳高的时候，他能像今天这样，就不会被老师批评了。

"哈哈，鼠标，你真的很厉害，如果上次……"我倒是没有说什么，乐乐却没有放过这千载难逢的取笑鼠标的机会。

"你……"鼠标有些不高兴，停了下来，跑到乐乐的面前想要反驳他，却又不知道怎么说。

我和杨爷爷看着他们直乐，小腊肠也撒欢儿了。

鼠标变得更加不好意思，都有些急了，脸涨得通红，死死地盯着乐乐。

"好了，乐乐、鼠标，你们别再闹了。你们还记得小腊肠提的问题吗？"我说道。

鼠标和乐乐连连点头，看了看月球的表面，又向杨爷爷看去。

我们在等待杨爷爷告诉我们答案。

## 5 这是谁留下的脚印?

"小时不识月，呼作白玉盘！"

杨爷爷冲着我们微微一笑，望着远方，缓缓地念出了这句诗。

这句诗出自唐代大诗人李白的《古朗月行》，我还会背呢。于是，我便一口气把剩下的诗文背诵了出来。杨爷爷听完后直夸我，并告诉我们，这首诗中的"玉盘"，就是古人对于月亮的一种称谓。他还告诉我们，古人对月亮的称谓有很多，例如太阴、玄兔、婵娟等。

听到杨爷爷这么说，我不由得有些蒙，因为这些称谓我从来没听说过，甚至很难想象它们是怎么来的。

### 古朗月行
[唐]李白

小时不识月，呼作白玉盘。
又疑瑶台镜，飞在白云端。
仙人垂两足，桂树作团团。
白兔捣药成，问言与谁餐。
蟾蜍蚀圆影，大明夜已残。
羿昔落九乌，天人清且安。
阴精此沦惑，去去不足观。
忧来其如何？凄怆摧心肝。

"把月亮叫太阴，是根据太阳来的吧？"乐乐想了想，说。

"乐乐说得不错！"杨爷爷点了点头，接着问，"那么，为什么又叫玄兔呢？"

"这个我知道，是古代人觉得月亮表面的阴影像一只兔子。"我刚想开口，没想到鼠标抢先说了出来。

"为什么又被叫作婵娟呢？"杨爷爷接着问。

"这个……"一时间我们真的被问住了。

我和乐乐歪着脑袋皱着眉在想答案，而鼠标懒得思考了，蹦蹦跳跳地跟小腊肠去别的地方探险了。

"喂，你们快过来，快来看看这是什么。"

突然，我们听到鼠标的声音从无线电设备中传来。

我们远远地看到鼠标和小腊肠蹲在地上，聚精会神地在看什么。

"鼠标，怎么了？"乐乐冲着鼠标大声地问道。

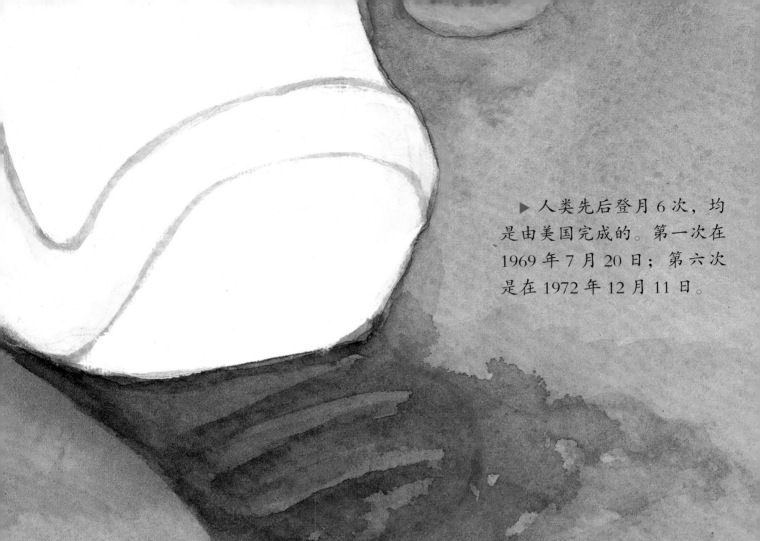

▶ 人类先后登月 6 次，均是由美国完成的。第一次在 1969 年 7 月 20 日；第六次是在 1972 年 12 月 11 日。

鼠标朝我们边挥手边说："快点，过来你们就知道了。"

当我们来到鼠标的身边后，看到在他的面前有一串深深的大脚印。

乐乐只是扫了一眼，便说："我还以为你发现了什么呢，不就是脚印吗？"他在说着这些话的时候，上上下下地打量了鼠标一番，脸上还露出古怪的笑，并问鼠标，这些脚印是不是他故意踩出来的。

"你……你自己看看！"鼠标急了，连忙把脚放在那脚印旁边，那脚印比他的脚要大上好几圈。

这是怎么回事？这些脚印是谁的？难道除了我们之外月球上还有其他的人？我心里面有无数的疑问，忍不住紧张地向四周看去。

　　"我知道，这肯定是以前登上月球的宇航员留下的。"乐乐十分肯定地说。

　　真的是乐乐说的那样吗？我仍然有些怀疑，因为人类登上月球的次数不多，而关于人类在月球表面上活动的记载就更少了，好像最近一次都是在一九七几年。到现在已经过去了几十年，脚印怎么还会像刚刚踩上去的一样呢？

## ⑥ 怎么看不到基地？

　　杨爷爷告诉我们，那些脚印确确实实是曾经登上月球的宇航员留下的，至于为什么几十年过去了，还跟不久前才踩上去的一样，那是因为月球上没有风。对于杨爷爷说的，我虽然不是十分了解，但是隐隐约约地有些明白。月球上的一切看起来都是静止的，当宇航员的双脚落在厚厚的月壤上，人离开后脚印却留下了。

　　杨爷爷一边向我们说这些事，一边带我们沿着那串脚印向前走去。

我知道嫦娥、吴刚等都是神话传说中的人物，是不可能真实存在的，但是人类登上月球是事实。那么，在月球上会不会有科幻片里面一样的基地呢？我想到这儿，不由得好奇地向四周看去。

　　"糖糖，你在找什么呢？"小腊肠问我。

　　"奇怪了，我怎么没看到太空基地呢？"我跳了起来，跳得很高很高，看到的只是一些环形的小山丘或凹凸不平的地面。

　　"哈哈，糖糖，你肯定是科幻片看多了，我们人类的科学技术还没有那么厉害！"鼠标蹦蹦跳跳地飘了过来，对我说。

　　"糖糖，月球没有大气层，没有空气、水，我们人类又怎么能够生存，怎么建立基地呢？"乐乐听到后，也这么对我说。

　　我真的有些不理解了，因为我看过好多好多的电影，上面就有月球基地啊！难道那都不是真的？我歪着脑袋看着杨爷爷，心中不免有些失望。

　　我还以为，我们人类将来可以搬到月球上生活呢。没想到……我不由得有些失落，皱起了眉头。

▶许多在以前看起来是不可思议、难以想象的事，随着科学技术的不断发展，都在慢慢地变成现实。

看着我这副模样，杨爷爷哈哈笑着，摸了摸我的头，说："虽说我们现在不能在月球上建基地，但是不代表以后不可以呀！"

"真的吗？那需要多久？"我将信将疑地看着杨爷爷。

杨爷爷再一次笑了，他说他也跟我们一样不知道要多久，但是他相信我们人类离那一天不会太远。因为我们人类真的很聪明，并且有着强烈的好奇心与探索欲，随着对世界的认知越来越深，对自然规律了解得越来越多，科学技术越来越进步，人类的本领也会变得越来越强大，一些我们现在看来难以做到的事，在以后也许会变得很简单。

杨爷爷越说越兴奋，他看了我们一眼，笑道："你们可能想不到，我们现在所使用的一些东西，它们所拥有的功能，在古代人看来就像是神话传说中的仙术。"

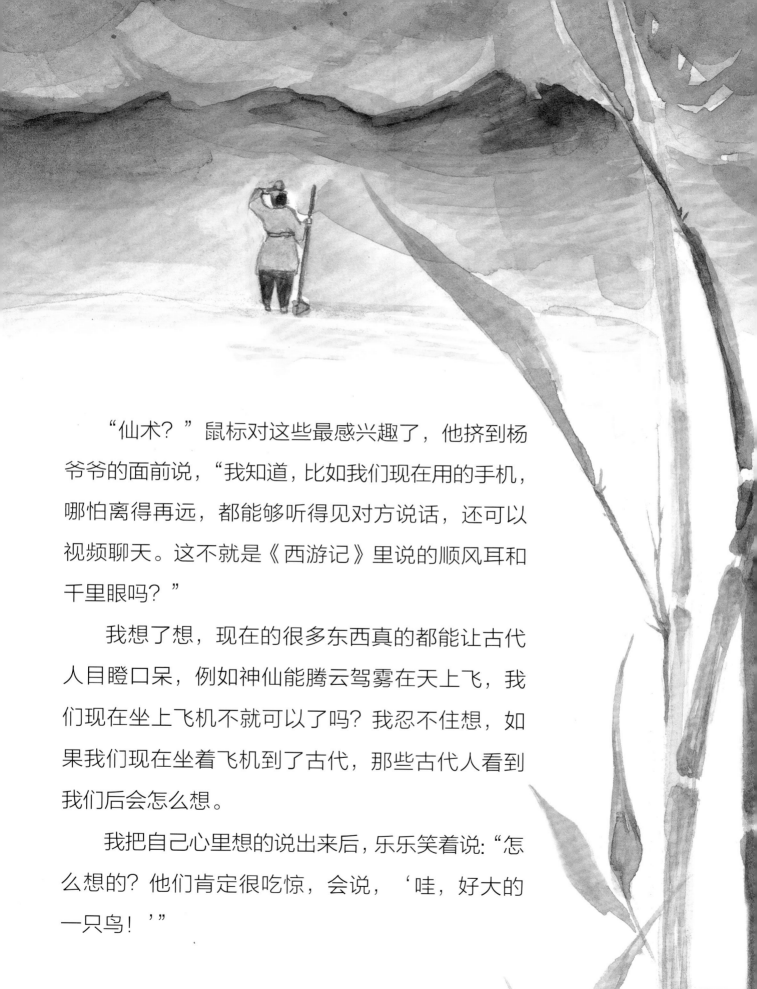

　　"仙术？"鼠标对这些最感兴趣了，他挤到杨爷爷的面前说，"我知道，比如我们现在用的手机，哪怕离得再远，都能够听得见对方说话，还可以视频聊天。这不就是《西游记》里说的顺风耳和千里眼吗？"

　　我想了想，现在的很多东西真的都能让古代人目瞪口呆，例如神仙能腾云驾雾在天上飞，我们现在坐上飞机不就可以了吗？我忍不住想，如果我们现在坐着飞机到了古代，那些古代人看到我们后会怎么想。

　　我把自己心里想的说出来后，乐乐笑着说："怎么想的？他们肯定很吃惊，会说，'哇，好大的一只鸟！'"

# 7 月亮从哪儿来?

就当我们兴奋地幻想着,如果带上现在的一些高科技产品回到古代,古代人看到我们后会怎样时,我们忽然间发现身上臃肿的宇航服不见了。更让我感到惊奇的是,我们被一个巨大的玻璃罩罩着,出现在我们面前的是一张大大的桌子,还有几张小椅子。

杨爷爷坐在桌子边,微笑着向我们招手,示意我们坐下来再说。

"现在你们知道我们人类的伟大了吧!"他笑着问我们。

我们连连点头。

"我们人类现在的一些发明创造,在前人们想象的神话故事中出现过;我们现在觉得像神话的,恰恰就是未来科技发展的方向。"我们坐下来没多久,杨爷爷深有感触地说出了这样一句话。

杨爷爷怎么突然间说

这样的话，是什么意思呢？我疑惑地看着他。

杨爷爷笑了笑，说："我们认识和改造世界，都跟我们的想象力有着很大的关系。神话是我们人类在有限的认知中，用想象力对一些超出我们认知的部分进行解读，而我们人类的一些发明和创造，恰恰就是由这样丰富的想象力推动的。"

我们坐在那儿，安安静静地倾听。或许是我们太安静了，也可能是杨爷爷担心我们听不明白，便给我们举了一个例子：以前人们看到鸟儿在天上飞，就想着人能不能像鸟儿一样在天空中自由自在地飞翔，最后经过无数人努力，飞机被发明创造出来了。

杨爷爷在说完这些后，突然话锋一转，又说到了月球："虽然我们现在知道月球是地球的卫星，是离我们地球最近的天体，但是，你们知道古代人是怎么看待它，又认为它是怎么来的吗？"

"是盘古的眼睛变的。盘古在开天辟地后倒了下去，他的两只眼睛，一只变成了太阳，一只变成了月亮。"我抢在鼠标之前一口气说了出来。

很明显鼠标想要说的跟我一样，他挠了挠脑袋，嘟囔道："这个我也知道……"看到鼠标那样子，我不由得心里面有一丝得意。可是，没有想到的是，杨爷爷继续问道："那么，你们知不知道，古人为什么会这么认为呢？"

难道不是古代人想象出来的吗？我觉得杨爷爷问得有些怪，像在故意刁难我们。

"可能是因为太阳和月亮看起来是圆的，像人的眼睛吧！"乐乐想了想，眨了眨眼，说出了自己的看法。

对于乐乐说的，杨爷爷没有做任何评价，而是问我们还知道哪些关于月亮的传说。当他看到我们不住地摇头后，便跟我们说起了常仪生月的故事。传说，月亮是上古神话传说中的天帝帝俊的妻子常仪生下来的，一共十二个。

我真佩服古人的想象力，他们竟然会认为月亮是这么来的。鼠标和乐乐跟我一样觉得有些不可思议，都目不转睛地看着杨爷爷，像在问古人怎么会这样想。

"想象，可不是胡思乱想，它跟我们的认知有着很大的关系。"杨爷爷笑着跟我们解释，"说得简单一些，就是跟我们所看到的事实有一定的关系。"我好像听懂了。

乐乐若有所思地点了点头，不太确定地说："是不是古人看到孩子都是由母亲生出来的，就认为月亮也跟人一样呢？"

杨爷爷笑了，说乐乐说得一点都没错。但是我们都知道那些只不过是神话传说，于是更想知道月亮究竟是怎么来的了。

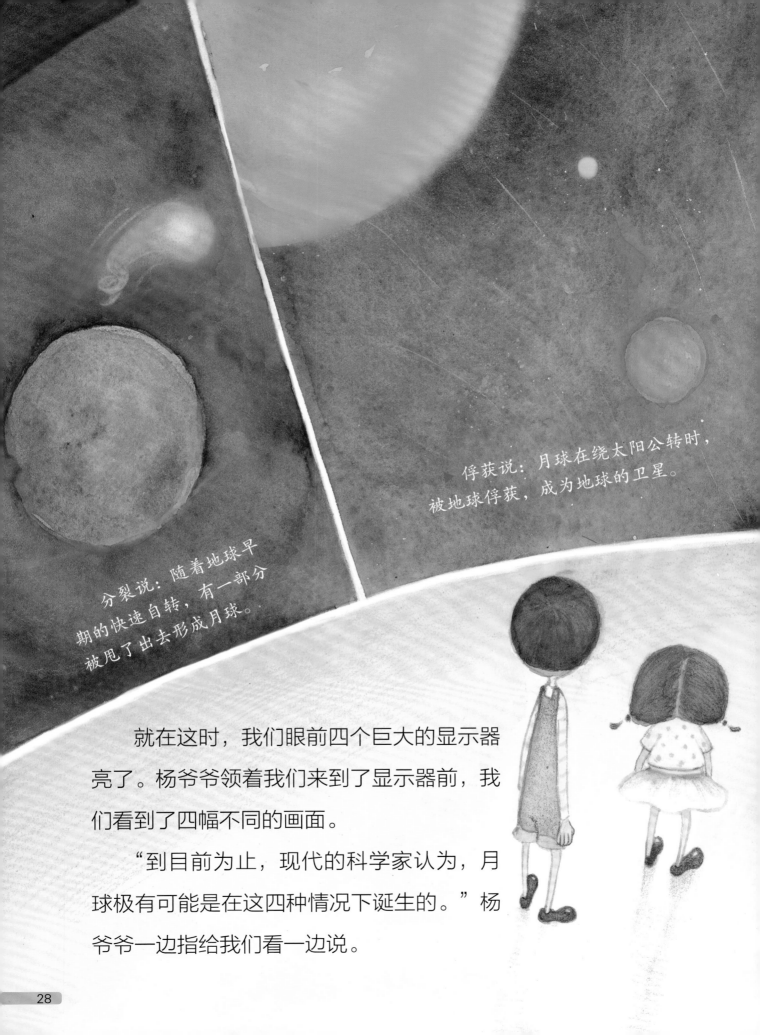

俘获说：月球在绕太阳公转时，被地球俘获，成为地球的卫星。

分裂说：随着地球早期的快速自转，有一部分被甩了出去形成月球。

就在这时，我们眼前四个巨大的显示器亮了。杨爷爷领着我们来到了显示器前，我们看到了四幅不同的画面。

"到目前为止，现代的科学家认为，月球极有可能是在这四种情况下诞生的。"杨爷爷一边指给我们看一边说。

▶同源说：一大片星云不断地旋转、聚合，同时形成了地球和月球。

▶撞击说：一块陨石撞在地球上，地球被撞出了一些碎块，碎块聚集形成月球。

"那么，到底哪一种才是真的呢？"乐乐忍不住问。

"哈哈！这个嘛，都有可能是真的，也可能都不是，到底是怎么回事，就看你们了。"杨爷爷看着我们笑着说道，"对于任何事物，我们的认识都是从无到有，从模糊到清晰的，对于月球，也一样。"

杨爷爷说，关于月球到底是怎么来的，科学家们还不能百分之百地确定。但是，知道地球与月球之间的关系对我们十分重要，而且聪明的古代人通过观察月球变化，总结出了许许多多的规律来帮助我们人类更好地生活。

我们围坐在杨爷爷的身边，静静地听着他跟我们说有关月球的事。

"月球，是离我们地球最近的天体，也是跟我们息息相关的天体。在很久很久之前，人们就开始探索它的秘密，不过跟它相关的一些自然现象，对于当时的人来说是无法理解的。于是，人们留下了许多美丽的传说和有趣的故事。"杨爷爷笑着说，"例如月食，你们说说关于月食的故事。"

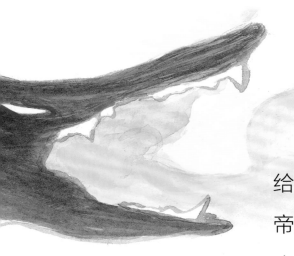

▶古时候，人们并不知道月食是一种自然的天文现象，由于无法解释清楚，便出现了许多极富想象力的猜想，天狗食月的神话传说就是其中具有代表性的一个。

"传说在很久之前，有一个老妇人将给和尚吃的素馒头换成了狗肉馒头。玉帝知道后，就把她变成恶狗，关进了地府。她的儿子目连为了救她，打开了地府之门。目连的母亲和其他恶鬼一起逃了出来找玉帝报仇，结果没找到玉帝，就去追赶太阳和月亮，想把它们都吃了，让世界变得一片黑暗。因为狗害怕锣鼓声、鞭炮声，于是每当月食出现，人们就会敲锣打鼓、放鞭炮。他们认为这样能吓走恶狗，让它把吃掉的月亮吐出来。"

鼠标说了我想要说的天狗食月的故事。他在说这个故事的时候，还一脸坏笑地看了看一旁的小腊肠。

听鼠标说完后，小腊肠竟然不高兴地呜呜叫了几声。

"小腊肠，他不是说你！"我摸了摸小腊肠的脑袋说。

乐乐也安慰了小腊肠几句，说："你们知道吗？不仅仅在中国古代，在国外，以前有很多人也不知道月食是怎么回事，认为是上天降下的灾难。"

他跟我讲起了伟大的航海家哥伦布发现新大陆时的故事。据说，哥伦布和他的船员航行到牙买加时，与当地的土著人发生了冲突，被困住了。快要被饿死的时候，哥伦布猛然间想到了今天晚上会出现月食，于是，他就跟土著头领说，上天很生气，如果不给他们食物的话，就会降下灾难，把月亮收走。

土著们不相信，然而到了晚上，月光果然没有了——月食出现了。土著们见后都慌了，连忙答应给哥伦布一行人提供食物，希望上天不要收走月亮。

"哈哈！"鼠标听后笑得直捂肚子，"他们居然连这也信，太好笑了！"

▶ 哥伦布（约 1451—1506），全名克里斯托弗·哥伦布，意大利航海家，大航海时代的主要代表人物之一。

虽说古人们对于为什么出现月食这一现象，无法探究得知其中的原因。但是，他们在对月亮的变化进行长期观察后，发现了一些规律，总结出了一个月为 28 天。这与我们现在所知道的月球自转与围绕着地球转动的周期 27.3 天极其相近。

## 9 红色的月亮

"你们是不是觉得古时候的人有些愚昧、可笑呢？"在说完有关月食的一些趣事后，杨爷爷笑着问我们。

我们没有回答，也不知道怎么回答。

"古人们的一些举动，在我们现代人看来有些不可思议，但是，他们并不完全是迷信，而是由于受到了认知的限制。"杨爷爷看着我们，向我们解释。

"是不是就像晚上漆黑一片，我们看不清也不知道黑色里面有什么，所以我们会感到害怕呀？"我歪着脑袋想了想，有些不确定地说道。

"糖糖说得没错，我们在很多的

▶ 我们看到月亮会有不同的颜色，并不是月亮的颜色发生了变化，而是月亮反射的太阳光在通过大气层的时候，会受到散射和折射，我们的眼睛因此接受到的光波不同而引起的。也正是因为如此，我们在月全食时通常能看到红色的月亮。然而，在古代，人们并不知道这一点。由于血液是红色的，古代人在看到红色的月亮之后，便认为月亮可能是被血染红的，进而将红色的月亮叫作"血月"，并且认为出现"血月"，预示着将有大的灾难发生。

时候，就是因为未知而感到恐惧，会做出一些看起来不可思议的举动。"杨爷爷笑着夸奖我，然后问道，"你们看到过红色的月亮吗？"

红色的月亮！在听到杨爷爷这么问后，我们不约而同地看向他。

在那巨大的玻璃防护罩内，我们一边听杨爷爷说有关月球的事，一边欣赏群星闪耀的太空美景。

"杨爷爷，我好像记得一本书上说，我们在地球上看到的始终只是月球的一面，看不到它的背面，是吗？"乐乐突然说道。

"是的！"杨爷爷点了点头。

"月球的背面是什么样的呀？"鼠标变得兴奋起来，吵

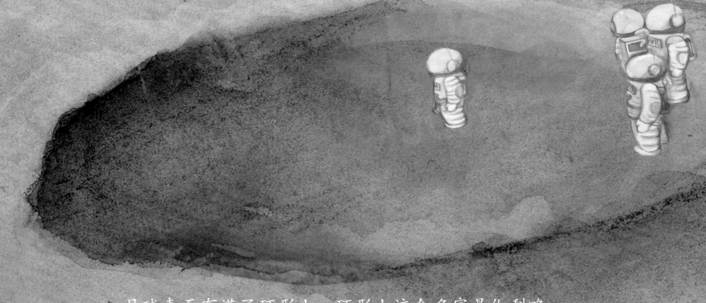

▶月球表面布满了环形山。环形山这个名字是伽利略起的，是月面的显著特征结构，几乎分布于整个月面。最大的环形山是位于月球南极附近的贝利环形山，直径约295千米，比海南岛还大一点儿。月球正面直径大于1千米的环形山约有3.3万座，总面积占月球表面积的7%~10%。

嚷着要去月球的背面看看。于是，我们又穿着厚重的宇航服，出现在了月球的背面。

这里到处都是坑坑洼洼的，就像是被什么东西砸出了一个又一个的深坑。当然，在这里也看不到我们人类的家园——那颗美丽的蔚蓝色的星球，因为，我们已经来到了月球的背面。

"哇，真的没想到月球的背面会是这样啊！"鼠标大声地叫嚷着，在看到一个巨大的陨石坑后，他跳了下去，高高兴兴地蹦起来。

看到鼠标玩得那么高兴，我们也跳了下去，玩在了一起。

"你……你们快看！"就当我们玩得正高兴的时候，追赶小腊肠的鼠标突然停了下来，直愣愣地站在那儿，手指着天空。

顺着鼠标手指的方向，我看到一道极强的光线急速地向我们射过来。

# ⑪月球对地球的作用

是宇宙射线！我们吓得张大着嘴巴，连动都不敢动，就那样呆呆地站立着。眼看宇宙射线离我们越来越近，我吓得闭上了眼睛。

也不知道过了多长时间，我鼓足勇气，慢慢睁开双眼，发现自己坐在一艘宇宙飞船里。窗户外面，是蔚蓝色的地球和银灰色的月球。

原来，就在我们快受到宇宙射线袭击的时候，小腊肠变出了一艘宇宙飞船，带着我们离开了。

"我现在知道了，为什么说月球是地球的卫星，"鼠标大声地说道，"它就像卫兵一样守护着地球。"

杨爷爷哈哈地笑了，说："月球确实像卫兵一样守护着地球。如果没有月球，地球也许会受到更多宇宙射线的辐射。"说完这些，杨爷爷又问我们还知道月球的哪些作用。

是啊，月球对我们的地球还有什么作用呢，我还真的不怎么清楚，乐乐和鼠标也跟我一样。

　　▶地球和月球就像是两个手拉着手的小朋友一样，彼此之间存在着引力。月球在绕地球旋转的过程中也使自身稳定了下来，以相对固定的倾斜角度进行有规律的自转。

在飞船中，杨爷爷跟我们说，我们人类生存的地球能够保持一定的角度、速度进行自转和公转，并且在固定的轨道运行，都跟月球有关。

不仅如此，地球上的潮起潮落也是由月球的引力引起的。

▶ 潮汐是指任一天体在其他天体的引潮力作用下产生形变或长周期波动的现象，有固体潮汐、海洋潮汐和大气潮汐三类。其中海洋潮汐指主要由太阳和月球的引潮力引起的海水运动，海面会因此发生周期性涨落。发生在白天的高潮称为"潮"，夜间的称为"汐"。

## 12 虚惊一场

在杨爷爷跟我们说这些的时候，我们乘坐的"小腊肠号"正快速地向着地球飞去。

那颗蔚蓝色星球离我们越来越近，我忍不住又回头看了看越来越小的月球。说真的，在杨爷爷没有跟我说那些之前，我还真的不知道月球对于我们的地球是这么重要。当然，我更不知道，月球真实的样子和我想象中的完全不同。

"糖糖，你在想什么呢？"杨爷爷看着我，笑着问道。

"杨爷爷……"就在我正想跟杨爷爷说点什么的时候，突然间感到了一阵猛烈的晃动，并听到了鼠标和乐乐大声叫嚷"不好了"的声音。

又怎么了？我还没来得及询问，就感到眼前一黑，什么都看不见，也听不见了。

# 13 我的理想

就这样不知道过了多久，我听到耳边传来小腊肠汪汪的叫声，以及鼠标和乐乐喊我的声音。

我疑惑地睁开双眼，向四周看去，发现自己回到了小区的院子里，那轮淡黄色的月亮依旧若隐若现地挂在空中。

"对于月亮，你们现在知道得更多了吧！"杨爷爷走过来问我们。

我们不约而同地点了点头。

"除了这些呢？"杨爷爷接着问。

"我们应该努力学习更多的知识，更好地认识这个世界，让我们的生活变得更加美好！"乐乐想了想说。

"嗯！"鼠标更是连连点头，并说，"我们知道得越多，了解得越多后，就不会随便相信一些没有根据的事。"他说到这儿停了下来，有些不好意思，"我原来还真的相信月食是天狗在吃月亮呢！"

"哈哈……"我们听完后不由得笑了。

我看着那轮淡淡的月亮，回想着刚才的那段神奇的经历，暗暗下定决心：要更加努力地学习，长大后真正地登上月球，去看看它究竟还有多少秘密。

当然，我也期待着下一次像这样的奇妙旅行。

接下来还有怎样的奇妙之旅呢?

敬请期待吧!

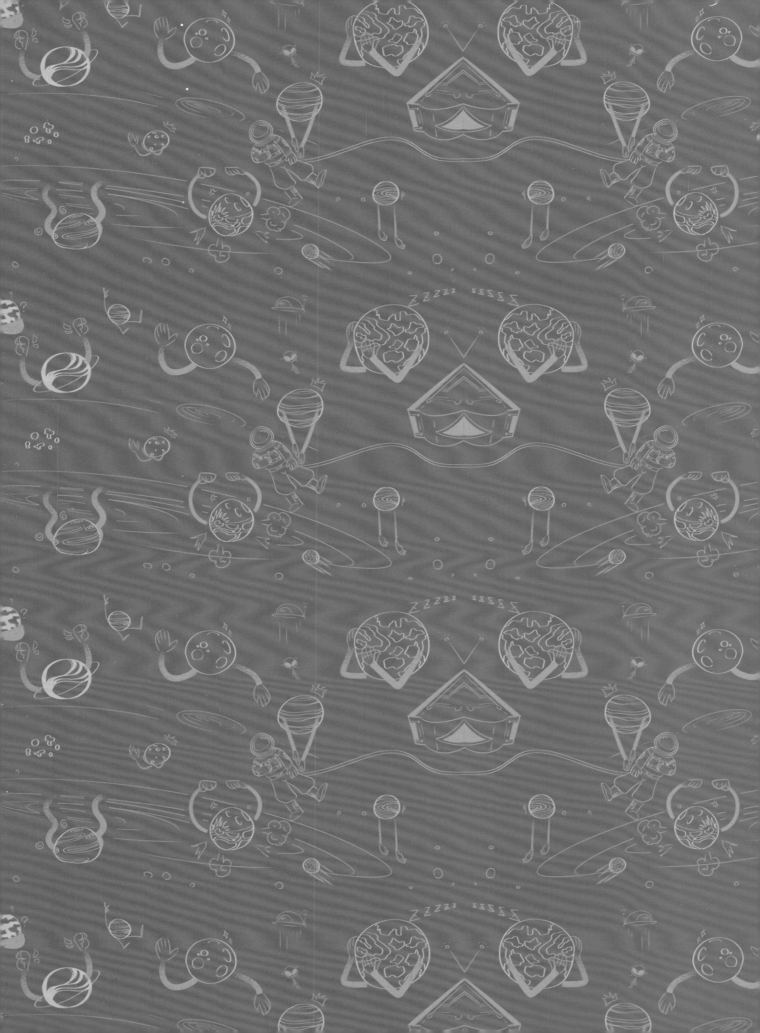